# LA CHASSE

AUX

# PETITS OISEAUX

PAR

## E. CAMPAGNE

## ROUEN

MÉGARD ET Cⁱᵉ, LIBRAIRES-ÉDITEURS

1886

# LA CHASSE
# AUX PETITS OISEAUX.

## I.

## LES PASSEREAUX.

La classe des oiseaux a été subdivisée en six ordres par Cuvier : les oiseaux de proie, les grimpeurs, les passereaux, les gallinacés, les échassiers et les palmipèdes.

C'est dans les quatre derniers ordres que nous trouverons des espèces aussi intéressantes par leurs mœurs que par leur chasse, et nous commencerons par les *passereaux*, dans lesquels nous étudierons l'alouette, l'étourneau, la grive et l'ortolan, qui intéressent particulièrement nos écoliers en vacances.

## L'ALOUETTE.

L'alouette commune est le musicien des champs ; son joli ramage est l'hymne d'allégresse qui devance le printemps et accompagne le premier sourire de l'aurore ; on l'entend dès les beaux jours qui succèdent aux jours froids et sombres de l'hiver, et ses accents sont les premiers qui frappent l'oreille du cultivateur vigilant. Le chant matinal de l'alouette était chez les Grecs le signal auquel le moissonneur devait commencer son travail, et il le suspendait durant la portion de la journée où les feux du midi d'été imposent silence à l'oiseau. L'alouette se tait en effet au milieu du jour; mais quand le soleil s'abaisse vers l'horizon, elle remplit de nouveau les airs de ses modulations variées et sonores; elle se tait encore, lorsque le ciel est couvert et le temps pluvieux; du reste, elle chante pendant toute la belle saison.

Dispersées dans les campagnes pendant la belle saison, les alouettes se rassemblent en grandes troupes en automne et en hiver. Elles deviennent alors fort grasses. Ces réunions nombreuses sont des dispositions à un départ prochain, pour une partie des oiseaux qui les composent. La plupart des naturalistes ont nié mal à propos que les alouettes fussent des oiseaux de passage, car on les rencontre en mer, dans leur traversée de la Méditerranée ; elles s'abattent quelquefois sur les vaisseaux ; l'île de Malte et d'autres îles orientales de la même mer leur servent de points de repos, et elles terminent leur voyage sur les côtes de la Syrie et de l'Egypte, d'où elles se répandent jusqu'en Nubie, et sur les bords de la mer Rouge en Abyssinie.

Les alouettes qui restent en toute saison dans nos contrées se retirent, pendant les plus grands froids, dans les lieux abrités, au bord des eaux qui ne gèlent point, où elles trouvent des vermisseaux et des insectes dont elles se nourrissent, à défaut des grains qui leur manquent. Lorsque le temps s'adoucit, elles se répandent dans les plaines. Souvent elles disparaissent subitement au printemps, quand, après les jours doux qui les ont fait sortir de leurs retraites, il survient des froids vifs qui les y font rentrer, jusqu'à ce que la température devienne moins rigoureuse.

Le temps le plus convenable pour chasser aux alouettes est depuis le mois de septembre jusqu'à la fin de l'hiver, surtout après des gelées blanches et de la neige.

Le *lacet* est une chasse fort divertissante, et n'exige ni grands frais, ni grande fatigue : on attire les alouettes dans un terrain particulier, où l'on s'est aperçu que l'alouette se plaît, en y jetant du grain d'orge ou de froment. On prend ensuite des ficelles longues de quatre à cinq toises ; on les tend au fond des sillons, après les avoir garnies de lacets faits de deux crins de cheval, à nœuds coulants, et qu'on attache aux ficelles, un peu couchés sur terre et à quatre doigts l'un de l'autre. On jette après cela un peu de grain le long des ficelles, et on fait un tour loin des lacets pour faire lever les alouettes et les envoyer vers le piège. Les oiseaux, attirés par le grain, se promènent dans les sillons, et s'y prennent aux lacets. Par cette méthode, on prend d'autres oiseaux aussi bons à manger que l'alouette. Pour une alouette qu'on voit prise, il ne faut pas courir aux lacets, afin de donner aux autres le temps de se prendre à leur tour en se promenant.

## L'ÉTOURNEAU.

Les étourneaux font beaucoup de dégâts dans les vignes, surtout dans nos contrées méridionales, à l'époque de la maturité des figues et des raisins ; là, leur tête doit être mise à prix. Il n'en est pas de même dans les parties septentrionales de la France. Cette espèce est du nombre de celles dont l'agriculture réclame la conservation, d'après les services qn'elle lui rend en détruisant une grande quantité de ces insectes rongeurs qui, par leur prodigieuse multiplicité, finiraient par anéantir l'espoir de l'agriculteur.

Ces oiseaux vivent sept à huit ans, et on en a vu, dans l'état de domesticité, ne finir leur carrière qu'à vingt. Ils aiment tellement la société, que, dès qu'ils ont fini leur couvée, ils se rassemblent en troupes nombreuses, ne se quittent plus ni nuit ni jour, se retirent, au coucher du soleil, dans les marais couverts de roseaux, qu'ils choisissent toujours pour leur gîte. Dès le matin, on les entend jaser tous ensemble, et dès l'aurore ils quittent leur asile nocturne et se répandent dans les campagnes, où souvent ils se mêlent avec les corneilles, les choucas, les litornes, les mauvis, et même avec les pigeons, mais plus rarement.

Ils se plaisent volontiers avec les bœufs et autre gros bétail qui paissent dans les prairies. On les voit souvent au milieu d'un troupeau de moutons, et il n'est pas rare de les voir perchés sur leur dos : ils y sont attirés par les insectes qui voltigent autour d'eux, par ceux qui fourmillent dans leur fiente, et par un plus grand nombre de vermisseaux que ceux-ci découvrent en paissant.

Les étourneaux ont une manière de voler qui leur est propre ; leur vol est circulaire et serré. Le vol circulaire facilite au chasseur le moyen d'en tuer beaucoup avec les armes à feu ; il suffit d'être à couvert de quelques branches ou roseaux ; car, dès qu'il en tombe un, tous les autres re-

viennent voltiger autour. Le vol serré leur
est avantageux pour échapper à l'oiseau de
proie ; dès l'instant qu'il veut les attaquer,
ils serrent leurs rangs, et, soit qu'il se
trouve embarrassé par le nombre, soit que
le bruit de leurs ailes et de leurs cris
l'étourdisse, soit enfin qu'il ne puisse ou
les enfoncer, ou choisir sa proie, il est
presque toujours forcé de les abandonner.

Quoique la chair de cet oiseau ne soit pas
un bon manger, les anciens la recherchaient
et en servaient souvent sur leur table. Il
passe en Hollande pour un bon gibier ;
d'après cela, il n'est pas étonnant que l'on
ait employé divers moyens pour s'en procurer. En Hollande, où il y a de vastes
marais fréquentés par les étourneaux, on

a coutume, lorsque la nuit est close, d'y attacher et d'y tendre à des pieux plusieurs filets garnis d'une lanterne où brûle une chandelle ; on bat alors les joncs et les roseaux avec des perches, et ces oiseaux, assaillis de coups de gaules, et étourdis par le bruit, volent éperdus vers la lumière et s'embarrassent dans les filets. On en prend ainsi à cette chasse plusieurs centaines à la fois.

Une chasse très amusante est celle que l'on fait lorsqu'ils sont en grandes bandes. On attache, soit à la queue, soit à chaque patte d'un étourneau, une ficelle engluée à une petite distance du corps ; lorsqu'on a découvert une troupe de ces oiseaux, on s'en approche le plus près possible, et on laisse aller le prisonnier; il s'empresse d'aller rejoindre les autres, se mêle parmi eux, et englue ceux qui l'approchent; ceux-ci, ne pouvant plus se soutenir dans l'air, tombent à terre; on les étourdit alors à coups de branches d'arbres. En lâchant plusieurs de ces oiseaux, cette chasse devient plus avantageuse.

## LA GRIVE.

Quatre espèces de grives vivent sous notre climat : la grive proprement dite, la draine, la litorne et le mauvis. Les deux premières passent toute l'année en France, et ont un ramage assez agréable, surtout la grive. On les distingue encore des autres en ce qu'elles ne s'attroupent pas en bandes serrées pour voyager ; leur plumage a plusieurs traits de conformité dans les couleurs et leur distribution. Les deux autres espèces ne paraissent guère dans nos contrées qu'à l'automne, y restent pendant l'hiver, y vivent en bandes nombreuses, n'y nichent presque jamais, et partent au printemps comme elles sont venues, c'est-à-dire en troupes.

Aux approches des vendanges, des volées innombrables de grives quittent les régions du Nord, la Laponie, la Sibérie, et paraissent en Europe ; leur abondance est telle sur la côte méridionale de la Baltique, que, suivant Klein, la ville de Dantzick en consomme chaque année quatre-vingt-dix mille paires. Ces diverses espèces n'arrivent pas toutes en même temps ; les grives proprement dites sont celles qui paraissent les premières, ensuite les mauvis, puis les litornes et les draines ; elles s'arrêtent dans divers endroits, surtout dans ceux où elles trouvent une nourriture plus abondante et plus facile ; elles continuent ainsi leur route vers le Sud, arrivent dans certaines contrées plus tôt ou plus tard, en plus grand ou plus petit nombre, selon la direction des vents et les divers changements de la température.

De tous les oiseaux, les grives sont ceux auxquels on tend le plus de pièges, et il en est peu dont la chasse soit aussi avantageuse. Celles qui se prennent le plus aisément aux lacets sont les grives proprement dites et les mauvis. Ces lacets ne sont, comme l'on sait, que deux ou trois crins de cheval entortillés ensemble et qui font un nœud coulant. On les place autour des genévriers sous les aliziers, dans le voisinage d'une fontaine ou d'une mare ; et si l'endroit est bien choisi et les lacets bien tendus, on peut, dans le temps du passage, prendre par jour plusieurs centaines de grives. On emploie aussi les collets amorcés avec diverses baies, et on les place le long des haies. Parmi les chasses aux filets, on distingue celles qui suivent.

La *toile d'araignée* ou *araigne*, parce qu'elle enveloppe les oiseaux presque de la même façon que les araignées embarrassent les mouches dans leur toile. En Suisse, on leur fait la chasse avec des filets de la longueur d'environ soixante pieds sur quinze de hauteur. On est plusieurs compagnies de chasseurs, et chaque compagnie a douze à quinze de ces filets, que l'on tend avec deux perches croisées et plantées perpenculairement en terre, et des cordages, au bord d'un bois de haute futaie. On fait une battue d'une demi-lieue, et l'on force les grives à s'avancer doucement jusqu'aux filets.

Celle au *rafle* ne se fait que la nuit. Le filet est contre-maillé, large pour l'ordinaire de douze à quinze pieds sur dix de hauteur; la largeur des mailles des *aumées* est de trois pouces, tandis que les mailles de la toile n'ont que dix lignes et sont à losange ; la toile d'un tiers au moins plus longue et plus large que les aumées, parce qu'elle doit bourser, et d'un fil bien plus fin et retors en deux brins. Les perches qui s'attachent de chaque côté du filet doivent être fort légères, et longues de douze à treize pieds. Ce filet enfin est fait à peu près comme celui de l'*araigne*. Les meilleures nuits sont les plus obscures ; elles sont d'autant plus avantageuses qu'il fait moins de vent ; le brouillard est même très favorable au succès.

Quand on a connaissance de quelques haies qui servent de retraite aux grives et aux merles pendant la nuit, on est certain d'en prendre beaucoup, si l'on agit avec adresse. Quatre personnes sont nécessaires pour faire cette chasse. L'une porte une torche allumée, deux tiennent le filet et l'autre traque les buissons. Celui qui porte la torche se tient à vingt pas du bout de la haie où est tendu le filet. Le traqueur commence par l'extrémité de la haie opposée au filet, et les deux autres le tiennent à une hauteur proportionnée. Il faut garder le plus profond silence, et n'allumer la torche que lorsqu'on commence à battre la haie. D'après ces positions des chasseurs, on voit que le *rafle* se trouve entre le porte-torche et le traqueur, et que les oiseaux se trouvent entre celui-ci et le *rafle*. Les oiseaux, éveillés par le bruit qu'ils entendent, fuient, dirigent ordinairement leur vol vers la lumière, et se jettent dans le filet. On ne doit l'abattre, pour en tirer les oiseaux qui s'y sont pris, que lorsque le traqueur est proche. On doit, autant qu'on le peut, placer le rafle du côté où le vent bat les buissons ou les haies ; car on a remarqué que les oiseaux ne dorment jamais que la tête au vent. C'est lors des passages à l'automne et au printemps qu'on prend les grives et les merles en plus grande quantité, parce qu'alors ils couchent en troupe dans les haies, à l'abri du vent. C'est aussi dans ce temps qu'on chasse à l'*araigne*.

## L'ORTOLAN.

Le vrai ortolan, célèbre par sa graisse, la doit plus à l'art qu'à la nature ; car il est plus souvent maigre que gras lorsqu'on le prend. Il a donc fallu, pour la lui procurer, étudier son tempérament, afin d'offrir en tout temps ce morceau friand à la sensualité des Lucullus, des Hortensius anciens et modernes.

La méthode qu'on emploie pour les engraisser est fort simple : on les met dans une chambre bien close où le jour extérieur ne puisse pas pénétrer ; cette chambre s'appelle *mue* ; elle est éclairée avec une lampe entretenue sans interruption, afin que les prisonniers ne puissent point distinguer le jour de la nuit ; on ne doit leur procurer que la clarté nécessaire pour distinguer leur mangeaille, leur buisson et leur juchoir. Les uns les laissent libres dans leur prison, et ont soin de répandre une grande quantité de graines, telles qu'a-voine, millet ; d'autres les tiennent dans des cages basses et couvertes où les augets seuls sont éclairés. Dans l'un et l'autre cas, les graines leur sont prodiguées avec abon-dance, leur eau et leur abreuvoir doivent toujours être très nets.

Un ortolan gras est un excellent manger ; mais, sans le talent du cuisinier, il perd de son mérite ; il faut savoir con-server à la graisse sa saveur, son fumet et son goût exquis ; pour cela, on le fait cuire, soit au bain-marie, soit au bain de sable ou de cendre, et même dans une coque d'œuf naturelle ou arti-ficielle, comme les Romains le faisaient pour les becfigues dans des œufs de paon.

On les prend de diverses manières ; mais la chasse la plus usitée est celle des *deux nappes* aux alouettes avec des appelants. On les prend encore aux gluaux et au trébuchet ; cette dernière manière est assez usitée dans le midi de la France. Un ortolan est dans une cage hissée au haut d'une perche, et au pied sont placés plusieurs trébuchets, qui ont aussi chacun leur appelant ; d'autres y tendent des filets, au milieu desquels on met diverses graines pour appât ; alors les moquettes sont dans des cages ordinaires, ou attachées à des piquets de la même manière qu'un chardonneret à la galère. Ces chasses se font deux fois par an, l'une au mois d'août et l'autre en avril, époques des deux passages ; mais celle d'août est la meilleure, parce qu'on prend beaucoup de jeunes, qui sont toujours plus délicats que les vieux.

Les ortolans passent au printemps, à peu près dans le même temps qu'arrivent les hirondelles, et devancent un peu les cailles ; mais leur passage n'est pas régulier dans les mêmes cantons, surtout aux environs de Paris. Ceux qui viennent, dit-on, de la basse Provence remontent jusqu'en Bourgogne, fréquentent les vignes, où ils se nourrissent des insectes qui courent sur les pampres et sur les tiges ; on assure qu'ils ne touchent pas aux raisins. Ils sont alors un peu maigres ; mais on peut cependant les engraisser, malgré le désavantage de la saison.

Leur ramage a de l'analogie avec celui du bruant, mais ils chantent au printemps, la nuit comme le jour, ce que ne font pas les bruants ; des personnes trouvent que leur voix a de la douceur, ce qui les fait élever pour la cage dans certains pays. On a même remarqué que, lorsqu'ils sont jeunes, ils prennent quelque chose du chant des autres oiseaux, si on les laisse longtemps près d'eux.

Ils construisent leurs nids assez négligemment, à peu près comme ceux des alouettes, et les placent, en Bourgogne, sur les ceps ; mais dans d'autres pays, comme en Lorraine, ils les font à terre, et par préférence dans les blés. La femelle y dépose quatre ou cinq œufs grisâtres, et fait ordinairement deux pontes par an. Le nid est composé de deux sortes de joncs secs et verts ; les œufs sont d'une teinte pourpre très pâle, parsemée de très petites macules noirâtres.

Les premiers jours du mois d'août, les jeunes prennent le chemin des provinces méridionales ; les vieux ne se mettent guère en route qu'au mois de septembre et même sur la fin. Ils passent dans le Forez, s'arrêtent aux environs de Saint-Chaumont et de Saint-Etienne, dans les champs d'avoine, grain dont ils sont très friands, et y demeurent jusqu'aux premiers froids ; ils s'engraissent tellement et deviennent si pesants, qu'on les pourrait tuer alors à coups de bâton. Mais dès que le froid se fait sentir, ils continuent leur route pour les provinces plus méridionales. On en voit aussi beaucoup dans les deux passages aux environs de Bordeaux, et surtout dans le Béarn. Ils se répandent pendant la belle saison en Allemagne, où on les prend pêle-mêle avec les bruants et les pinsons.

# II.


## LES ÉCHASSIERS.


Cet ordre comprend tous les oiseaux à longues jambes, dont ils se servent pour marcher à gué dans les eaux peu profondes où ils cherchent leur nourriture.


### LA BÉCASSE.


Cet habitant des hautes montagnes les quitte dès les premiers frimas, pour venir habiter nos bois, où il arrive vers le milieu d'octobre, la nuit, et quelquefois le jour, par un temps sombre, toujours un à un, ou tout au plus deux ensemble, mais jamais en troupe. Les bécasses préfèrent les bois et les lieux où il y a beaucoup de terreau et de feuilles tombées; elles s'y tiennent cachées tout le jour, et tellement, qu'il faut des chiens pour les faire lever.

Il paraît que la bécasse ne voit bien qu'au crépuscule, et qu'une lumière plus forte offense sa vue; c'est de quoi l'on juge d'après ses allures et ses mouvements, qui sont plus vifs après le coucher et avant le lever du soleil. Elle cherche aussi sa nourriture au clair de la lune, surtout à la pleine lune de novembre, que les chasseurs nomment la *lune des bécasses* ; c'est l'époque où l'on en prend le plus. On reconnaît les lieux qu'elle fréquente à ses fientes, qui sont de larges fécules blanches et sans odeur, qu'en terme d'oisellerie l'on nomme *miroirs*. Elle est d'un caractère peu méfiant, et se laisse approcher aisément ; elle cherche sa nourriture en fouillant dans la terre molle des petits marais, des fossés, dans les prés humides qui bordent les bois ; elle retourne et écarte les feuilles sèches pour prendre les vers qui sont dessous.

On chasse la bécasse au fusil, à la passée, à la pantière, au collet.

*Au fusil.* On peut l'attendre pour la tirer au passage, le soir à la sortie, et le matin

à la rentrée, au bord du bois, au débou-
ché de quelque grande route, dans une
gorge ou vallon étroit, à portée d'une forêt
aboutissant à quelque mare, fontaine ou
queue d'étang. On attend encore les bécasses
au bord de ces mares ou fontaines, lorsqu'elles viennent s'y abattre pour boire et
se laver le bec et les pieds.

*A la passée.* Cette chasse n'occupe qu'une
demi-heure, et est si favorable, qu'on peut
y prendre jusqu'à huit cents bécasses par
année. Voici comment on s'y prend. Quand
on voit qu'il y a des bécasses dans un bois-
taillis, on fait une enceinte de quarante
à cinquante pas en forme de petite haie,
haute d'un demi-pied, en liant les souches
entre elles avec des brins de genêt ; on y

laisse différents petits passages pour une bécasse seule ; on pratique autant de voies qui y conduisent ; on tend à chaque passage un lacet ouvert ou rond, et couché à plate terre. L'oiseau, cherchant à manger, s'engage dans la voie qu'il suit jusqu'au passage où il se prend au lacet.

*A la pantière*. On tend aux bécasses la pantière simple et la pantière contre-maillée. La simple est un filet composé d'une seule nappe fort longue, et haute de vingt-quatre à trente pieds. Les mailles de cette nappe ont deux pouces et demi de large, faites d'un fil fort. Elle est attachée aux quatre coins par quatre forts cordeaux. Ceux du haut sont longs et ceux du bas sont courts, et tiennent la pantière attachée à deux piquets solidement fichés en terre. Deux fortes perches, attachées aux arbres voisins, servent à tendre la pantière au moyen de deux anneaux de fer, par où l'on passe les cordeaux du haut ; et ces deux cordeaux se réunissent dans une loge que le chasseur a pratiquée en terre, à une petite distance du filet, et au milieu du vallon où il est tendu. Il faut encore observer que la nappe doit être tendue de manière qu'elle penche vers le côté opposé à la loge du chasseur, vers celui d'où les bécasses doivent arriver, suivant les remarques que le chasseur aura dû faire avant de tendre. Il aura reconnu les endroits favorables par le moyen des *miroirs* ou fientes de bécasse qu'on trouve en abondance près des marais, fontaines, petits vallons entourés de bois et qui sont aussi les lieux préférables pour y dresser des pantières. On les tend aussi sur un buisson voisin d'un étang, ou dans l'allée d'un parc.

La pantière contre-maillée se nomme ainsi parce qu'elle est faite de trois nappes, dont deux, qui se nomment *aumées*, sont à grandes mailles, et l'autre, à petites mailles en losange, qui n'ont que deux pouces de large, s'appelle simplement *nappe* ou *toile*. Aux dernières mailles du haut de chacun de ces filets sont attachées des bouclettes, qui font l'office des anneaux d'un rideau ; elles sont toutes enfilées dans le cordeau tendu entre les deux perches. Ce cordeau, qui fait l'office de tringle, doit être bien savonné, pour faciliter le jeu des bouclettes. Ce jeu a lieu par le mouvement précipité de la bécasse qui donne dans le filet ; et presque dans le même moment, le chasseur laisse échapper une forte ficelle, qui, attachée à une extrémité du haut du filet, sert à le tenir étendu sur toute la longueur du cordeau entre les deux perches. Les nappes se plient alors, et commencent à embarrasser l'animal, dont la capture est bientôt assurée, parce que le chasseur détend aussitôt après tout le piège, de la même manière qu'il le fait dans celui de la pantière simple.

Le moment favorable pour cette chasse, qui commence une demi-heure après le coucher du soleil, et ne dure qu'une heure, est assez court pour que le chasseur cherche à éviter tous les obstacles qui peuvent s'opposer à une prompte détente et à la retenue du filet, et pour que le filet soit bien tendu avant l'heure propice. Les mois de novembre, décembre et janvier, sont les plus propres à cette chasse, et ceux où l'on trouve les bécasses les plus grasses ; les jours de brouillards sont les meilleurs.

*Au collet.* Le collet est fait de six brins de crins de cheval longs et cordés avec une boucle coulante à un bout et un gros nœud à l'autre, près duquel il est attaché solidement à un bâton de la grosseur du petit doigt, long d'un pied, et pointu par un bout, qu'on fiche en terre. Les taillis les plus feuillés sont les plus avantageux pour cette chasse, et l'on reconnaît par les fientes quels sont les endroits du taillis les plus fréquentés ; ensuite, pour placer les collets, on use des mêmes soins et des mêmes ruses indiqués pour la passée.

*Au bord de l'eau.* Comme la bécasse va la nuit le long des fontaines et des mares, cet instinct a donné l'idée d'une chasse très amusante. Pour cela, on ferme toutes les avenues de la pièce d'eau avec des genêts entrelacés ; on laisse à cette haie artificielle des espaces ou *passées* éloignées les unes des autres d'environ six pieds, et on y tend des lacets ainsi arrangés : on pique sur le bord de la passée un bâton gros comme le petit doigt, et de la hauteur de cinq pouces ; à l'autre bord, à un demi-pied d'espace, on élève un petit arçon de trois ou quatre doigts, qui fait comme une porte ronde vis-à-vis le bâton ; on prend ensuite un crochet de bois plat, long de sept ou huit pouces, avec une coche au bout ; le crochet se met au bâton, et l'autre bout passe sous l'arçon. On a encore une verge de bois de coudrier ou de quelque autre bois élastique ; cette verge, de la grosseur du doigt, et longue de trois pieds, doit être piquée dans la petite haie, à deux ou trois pieds de la passée ; on attache au petit bout une ficelle d'un demi-pied, au bout de laquelle est noué un lacet de crin de cheval, avec un petit bâton coupé par les deux bouts, et fait en coin à fendre le bois. Le chasseur fait plier la baguette élastique, passe le lacet sous l'arçon, puis il étend en long le lacet par-dessus le crochet, qui doit tenir très peu, afin que la bécasse, venant à passer, fasse détendre la baguette élastique, et que le lacet la retienne par le pied. On prend aussi des perdrix à cette chasse ingénieuse et lucrative.

On peut aussi tendre dans les passées des collets et de simples lacets, de la manière indiquée pour la passée.

## LE RALE.

Les râles ont plusieurs rapports avec les poules d'eau ; aussi des méthodistes les ont classés avec celles-ci ; comme elles, ils ont un bec qui approche de celui des gallinacés, mais beaucoup plus allongé ; une portion de la jambe, au-dessus du genou, dénuée de plumes ; les doigts longs, la tête petite, le vol court, les ailes fort concaves, et ils volent les pieds pendants ; mais ils en diffèrent principalement en ce qu'ils ont le front recouvert de plumes ; cependant, on en voit quelques-uns qui présentent quelques vestiges de la membrane frontale qui caractérise les *galliniles* ; ils en diffèrent encore en ce que les trois doigts antérieurs sont lisses.

Cette grande famille est répandue sur les trois continents. Dans tous, les espèces dont elle est composée ont le même genre de vie ; et au contraire des autres oiseaux de rivage qui se tiennent sur les sables et les grèves, ils n'habitent que les terres vaseuses et les marais couverts de glaïeuls et de grandes herbes. Une seule espèce d'Europe se tient dans les prairies et ne s'approche pas des eaux. Celle qui la représente dans l'Amérique a les mêmes habitudes ; les petits, ainsi que ceux des poules d'eau, quittent le nid et suivent leur mère aussitôt qu'ils sont nés:

De nos râles, ceux que l'on chasse de préférence sont le râle de terre et la marouette, à cause de la délicatesse de leur chair ; le râle d'eau est peu estimé. Le temps le plus favorable est en août et septembre, époque où ils prennent beaucoup de graisse. Cependant on leur fait encore la chasse en mai et juin ; comme c'est le temps des couvées et qu'ils sont fort maigres, on doit s'en abstenir, puisque c'est détruire sans profit. On s'en procure de trois manières : au *fusil*, au *tramail* ou *hallier* et aux *lacets*. La chasse au fusil se fait avec un chien ; mais tous les chiens n'y sont pas propres ; car le râle est très rusé ; quelquefois il tient tellement et se laisse serrer de si près, qu'il se fait prendre à la main. Souvent il s'arrête dans sa fuite et se blottit, de sorte qu'un chien emporté passe par-dessus et perd sa trace ; il profite de cet instant d'erreur, revient sur la voie et donne le change ; il ne part qu'à la dernière extrémité, et s'élève assez haut avant que de filer. Comme il vole pesamment, il est facile à tuer ; son vol est court ; aussi

voit-on aisément la remise ; mais c'est inu-
tilement qu'on va le chercher ; car il a déjà
marché plus de cent pas lorsque le chasseur arrive ; il supplée par la rapidité de
sa marche à la lenteur de son vol. Il court
en s'allongeant, se coule par-dessous les
herbes et paraît glisser plutôt que marcher, tant sa course est rapide. Souvent,
en faisant ses détours, il passe entre les
jambes des chasseurs, et en ce moment il
ne paraît guère plus gros qu'une souris. Il
arrive même lorsque les genêts sont fort
hauts, qu'il monte et se perche à leur cime,
ou bien il gagne une haie voisine, et se
cache dans quelque touffe de coudriers ou
d'épines. La marouette gagne le haut d'un
buisson ; le râle d'eau use des mêmes ruses,

et c'est surtout lorsque ces oiseaux sont gras et peuvent à peine voler qu'ils y ont recours.

On reconnaît qu'un chien rencontre un râle à la vivacité de sa quête, au nombre de faux arrêts et à l'opiniâtreté avec laquelle l'oiseau tient. Les chiens d'arrêt ne sont pas bons pour cette chasse ; il faut des *choupilles* qui suivent le nez en terre. Les vieux chiens y sont les meilleurs, parce qu'étant moins vifs, ils ne s'emportent pas comme les jeunes, et savent démêler les ruses du râle en le suivant pied à pied. Le râle de terre a sa passée soir et matin, comme la bécasse, c'est-à-dire qu'il part le soir de l'endroit où il est cantonné, pour aller revoler pendant la nuit dans les champs ; mais, lorsqu'il est trop gras, il reste toujours dans la même pièce de genêts ; ce qui fait que, lorsqu'on veut se procurer des râles pour un jour déterminé, on va quelques jours auparavant les détourner, en battant les endroits où il y en a ; et le jour qu'on veut les tuer, on est sûr de les y trouver.

On lui tend comme à la caille un filet, où on l'attire par l'imitation de son cri, *crëk*, *crëk*, *crëk*, en frottant rudement une lame de couteau sur un os dentelé.

La chair de ce râle, ainsi que celle de la marouette, est très grasse à l'automne et d'un goût exquis ; elle a plus de fumet que celle de la caille, et se mange comme celle de la bécasse. Les jeunes ne prennent jamais autant de graisse que les vieux.

Le râle d'eau est aussi rusé que le précédent; il court aussi vite, traverse les eaux à la nage, et se fait de petites routes à travers les grandes herbes où l'on tend des lacets; on le prend d'autant plus aisément, qu'il revient constamment à son gîte et par le même chemin. On le chasse encore avec des *tramails*, espèce de filet composé de trois nappes et de plusieurs piquets; on en entoure les herbages d'un marais, et l'on bat toute la queue de ce marais en amenant vers la tendue, dans laquelle les râles d'eau se prennent.

## POULE D'EAU.

Les poules d'eau ont, en général, beaucoup de rapports avec les râles; mais elles en diffèrent par le bec, plus raccourci et plus approchant de celui des gallinacés, par le front, dénué de plumes et recouvert d'une membrane épaisse, et par les doigts, garnis dans toute leur longueur d'un bord membraneux.

Ces oiseaux habitent le bord des rivières et des étangs, et fréquentent quelquefois les marais; ils nagent facilement, mais ils ne le font guère que par nécessité, comme pour passer d'une rive à l'autre, ou pour chercher leur nourriture, qui consiste en petits poissons, insectes et plantes aqua-tiques, et n'en sortent guère que le soir, où on les voit se promener sur l'eau. Leur manière de nager a cela de particulier, qu'ils frappent sans cesse l'eau de leur queue. Les poules d'eau quittent en octobre les pays froids et les montagnes pour passer la mauvaise saison dans les lieux tempérés, où elles recherchent les sources et les eaux vives. Ce sont les seuls voyages qu'elles se permettent ; et dans ce changement de demeure elles suivent régulièrement la même route, et reviennent toujours faire leur ponte aux mêmes lieux.

La famille des poules d'eau est répandue dans toutes les parties du monde. La grosseur de celles que l'on trouve dans l'Amérique septentrionale et en Europe est à peu près celle d'un poulet de six mois. On les chasse comme les râles.

## LE VANNEAU.

La famille des vanneaux est répandue dans les trois continents ; partout ils fréquentent les terrains humides, et se nourrissent de vers et d'insectes.

Le vanneau est à peu près de la grosseur d'un pigeon, et a douze pouces et demi de long ; le dessus de la tête, le devant du cou, le dessus du corps, les scapulaires, les couvertures des ailes, sont d'un noir à reflets métalliques, changeant en vert et en rouge doré sur la tête et les ailes.

Le nom de vanneau imposé à cet oiseau dans les langues française, anglaise, et même en latin moderne, est tiré du bruit que font ses ailes en volant. Ce bruit est assez semblable à celui que fait le van qu'on agite pour secouer le blé. D'autres lui donnent le nom de paon sauvage, à cause de son aigrette et de la variété de ses reflets brillants; enfin on l'appelle encore *dix-huit*, d'après le cri qu'il fait entendre deux ou trois fois de suite en partant et par reprises, dans son vol, et même pendant la nuit.

Les vanneaux doivent être regardés comme oiseaux de passage, quoiqu'on en voie dans toutes les saisons; mais c'est le très petit nombre. Ils arrivent dans nos contrées peu de jours avant le printemps, se tiennent en bandes souvent très nombreuses, fréquentent les prairies et les lieux frais, et se jettent au dégel dans les blés, où ils cherchent les vers dont ils font leur principale nourriture, et qu'ils font sortir de terre avec une merveilleuse adresse.

Les vanneaux, qui se tiennent presque toujours en troupes très nombreuses, ne se séparent que quand les premières chaleurs du printemps se font sentir.

Ces oiseaux étant un gibier assez estimé lorsqu'ils sont gras, on leur fait la chasse de différentes manières. On les prend par volées au filet aux alouettes, mais à mailles plus larges ; on le tend pour cela dans une prairie, et on place entre les nappes quelques vanneaux empaillés, la tête tournée au vent, et un ou deux de ces oiseaux vivants pour servir d'*appelants* ; ou bien le chasseur, caché dans une loge, imite leur cri de réclame avec un appeau fait d'un petit jet de vigne plié en double, et qui a pour languette une écorce de sarment. D'autres se servent d'un morceau de bois fendu, long de trois pouces et demi, et mettent dans la fente préparée pour cela une feuille de lierre ou de laurier ; ce qui suffit pour attirer la troupe entière dans les filets. Dans la Brie et la Champagne, on leur fait la chasse de nuit aux flambeaux ; la lumière les réveille, et on prétend qu'elle -les attire. Enfin, lorsqu'on les chasse au fusil, la *vache artificielle* est d'une grande ressource. C'est une vache d'osier recouverte d'une peau et tellement imitée, que les oiseaux s'y méprennent.

3.

La *vache artificielle* ne doit pas peser plus de dix-huit à vingt livres, afin qu'on puisse la porter sur les épaules avec des bretelles comme une hotte. Pour la construire, on commence par faire une cage ou châssis de bois léger de la longueur d'une vache, en la mesurant depuis les épaules jusqu'à la queue ; au derrière de la cage et en dedans doivent être attachés deux morceaux de bois de la longueur et de la forme des jambes d'une vache. Les quatre membres principaux de la cage ont deux pouces d'équarrissage, et les traverses sont proportionnées. Tout doit être à tenons solidement emmanchés et collés, afin qu'en la portant, on n'entende pas le moindre criaillement. On attache sur le châssis quatre cercles, dont le diamètre est égàl à la grosseur d'une vache. Le premier doit être fort, et on le garnit de bourre, pour que le porteur n'en soit pas incommodé. On couvre après cela d'une toile légère tout le corps de la vache, et on la coud après chaque cercle, ou bien on la colle seulement; les cuisses et les jambes sont garnies de mousse ou de paille, et la queue se fait d'une corde effilée par un bout. Le tout doit être peint à l'huile, afin que la couleur ne puisse pas être détruite par les brouillards ou les rosées auxquels on est souvent exposé.

Le chasseur doit avoir un pantalon fait de toile de même couleur, sur lequel doit tomber le devant du cou de la *vache artifi—*

*cielle*, dont la tête doit se porter comme un *domino*. Elle est faite de carton, excepté les côtés, qui doivent être souples, flexibles, afin que le chasseur puisse ajuster le gibier sans éprouver aucun obstacle. Il faut, lorsqu'on est vêtu du *domino*, pouvoir découvrir du premier coup d'œil le canon du fusil horizontalement d'un bout à l'autre. Toute la tête de la *vache* se recouvre d'une toile peinte comme celle du corps; le cou doit être en dessus assez long pour pouvoir l'étendre de quelques pouces sur le dos, et les barbes sous lesquelles les bras du chasseur sont cachés doivent passer la ceinture du pantalon. On peut y attacher des cornes naturelles, si on ne veut pas en faire d'artificielles.

Quoique la *vache* soit assez bien imitée pour faire illusion, même aux hommes, on n'approcherait point encore du gibier, si on allait à grands pas et en direction de son côté; il faut l'approcher en tournant, et souvent baisser la tête pour imiter une vache qui paît; on va d'autant plus doucement que l'on est plus proche, surtout si c'est aux oies sauvages que l'on fait la chasse. On a soin de tourner le côté au gibier plus souvent que la tête, parce qu'étant obligé de laisser les yeux grands, ils pourraient se méfier du piège. Lorsqu'on est à portée du coup, on sort du corps de la *vache*, et, tout en se retournant, sans trop se presser et sans marquer trop d'empressement, on peut tirer à coup sûr, soit au vol, soit à terre. Il est bon d'avoir pour cette chasse un fusil double.

## LE PLUVIER.

Ces oiseaux paraissent en France pendant les pluies d'automne, et c'est de cette arrivée dans cette saison qu'on les a nommés pluviers. Ils fréquentent les fonds humides, les terres limoneuses, où ils cherchent les vers, dont ils font leur principale nourriture. C'est en frappant la terre avec leurs pieds qu'ils les font sortir de leur retraite; ainsi que les vanneaux et les bécasses, ils vont le matin à l'eau pour se laver le bec et les pieds. On les voit rarement plus de vingt-quatre heures dans le même lieu, sans doute parce qu'ils ont, par leur grand nombre, bientôt épuisé la pâture vivante qu'ils venaient y chercher. Dès les premières neiges, la plupart s'éloignent pour chercher un climat plus tempéré, et les autres les suivent à l'époque des fortes gelées. Ils repassent au printemps, et toujours attroupés. Très rarement on voit un pluvier doré seul. Les plus petites bandes, dit Belon, sont au moins de cinquante.

Le pluvier doré est de la grosseur d'une tourterelle.

Le moment de la chasse est celui où ces oiseaux se rassemblent le matin à l'appel de leur sentinelle. On tend, avant le jour, un rideau de filet en face de l'endroit où l'on a vu le soir ces oiseaux se coucher; les chasseurs, en grand nombre, font une enceinte, et dès les premiers cris du pluvier *appelant*, ils se couchent contre terre pour laisser ces oiseaux passer et se réunir; lorsqu'ils sont rassemblés, les chasseurs se lèvent, jettent des cris et lancent des bâtons en l'air; les pluviers effrayés partent d'un vol bas et vont donner dans le filet qui tombe en même temps. Souvent toute la troupe y reste prise. Un oiseleur seul s'y prend autrement; il se cache derrière son filet et imite la voix du pluvier *appelant*. Pour le contrefaire, on se sert d'un appeau fait avec l'os de la cuisse d'une chèvre, long de trois pouces, coupé transversalement par les deux bouts, dont l'un est bouché avec de la cire; on fait trois trous dans la longueur de l'os : un près de l'extrémité remplie de cire, et par lequel on souffle ; un second, perpendiculaire à ce premier, rond, et dans lequel on introduit une plume à écrire, et un troisième à l'extrémité opposée, plus grand que les deux autres, et situé sur les côtés de l'os.

On les chasse aussi au fusil avec des *appelants*, et l'on se sert d'*entes* et du même sifflet. Les *appelants* sont des vanneaux vivants, qu'on attache à des ficelles et qu'on fait voler au besoin. Ces oiseaux sont plus recherchés, parce qu'ils sont plus faciles à nourrir, et que les pluviers se mêlent volontiers avec eux. A défaut de vanneaux vivants, on imite leur cri. L'appeau est simplement un bâton de trois pouces de long, un peu moins gros que le petit doigt, fendu jusqu'à son milieu, et entre les parois duquel on introduit un morceau de feuille de lierre ou de laurier. Les filets dont on se sert sont des rets saillants que l'on tend dans les prairies, dans les plaines, et en général dans les lieux éloignés des bois, des arbres et des buissons.

Pour la chasse au fusil, plusieurs chasseurs se réunissent, et l'on se sert des *appelants*, des *entes* et des *appeaux*. Les entes sont des pluviers empaillés qu'on fait tenir sur terre par le moyen d'un piquet. Les chasseurs, après avoir posé les appelants et les entes, se couvrent de quelques branches piquées en terre, et qu'on transporte aisément où l'on veut; là, ils attendent jusqu'à ce qu'ils aient découvert quelques-unes des bandes de pluviers qui sont aux environs. Aussitôt ils les attirent par le son de l'appeau, et en faisant jouer les appelants et les entes par le moyen des ficelles auxquelles ils sont attachés. A ce son et à ces mouvements, les pluviers s'abattent. Un ou deux chasseurs sortent du côté opposé de dessous les branches, contournent les pluviers, en marchant courbés et à pas lents, et s'en approchent jusqu'à portée du coup. Au moment qu'ils tirent, les autres chasseurs quittent leur loge et tirent sur la bande, à l'instant où elle prend son vol. Après cela, on change de place, et on fait la même manœuvre.

On peut aussi les chasser au fusil pendant la nuit. Pour cela, l'on est plusieurs chasseurs, et l'on porte du feu ; aussitôt que les pluviers l'aperçoivent, ils se réunissent les uns aux autres et se pressent. Dès qu'on est à portée, on lâche ensemble son coup de fusil ; mais, pour réussir avec un grand avantage, il ne faut pas faire le moindre bruit. Enfin, on les prend au *traineau*, à la faveur du feu, et on les tue à coups de fusil, caché dans une *vache artificielle*.

La chasse aux pluviers se fait à leur arrivée en septembre, et à leur passage au mois de mars. Un temps doux et pluvieux est le plus favorable.

Ces oiseaux sont recherchés comme un

très bon gibier ; mais leur chair a un fumet qui n'est pas du goût de tout le monde. Au reste, ils ne sont bons que lorsqu'ils sont gras.

# III.

## LES GALLINACÉS.

Parmi cet ordre d'oiseaux qui tirent leur nom de *gallus* (coq), nous trouvons le ramier, la tourterelle, la caille et la perdrix.

### LE RAMIER.

En France, on en voit en tout temps, mais en bien plus grand nombre dans la belle saison. Ce sont des oiseaux voyageurs de la grosseur d'un pigeon, qui arrivent dès le mois de février, et nous quittent pour la plupart aux mois d'octobre et de novembre; ils s'établissent dans les forêts de haute futaie, vivant de glands, de faînes et autres graines. Le roucoulement du ramier est plus fort que celui du pigeon, mais on ne l'entend que très rarement en hiver, époque où ces oiseaux se rassemblent en troupes, surtout dans le midi de l'Europe.

On prend ces espèces de pigeons de plusieurs manières. On englue un chêne peu éloigné des autres arbres, et on met à son sommet un ramier chaperonné pour la montre; quand l'oiseleur voit passer de ces oiseaux, il fait lever sa montre, et ceux-ci s'abattent et se prennent aux gluaux.

D'autres se servent de deux filets tendus par terre, en forme de rets saillants, et de plusieurs ramiers chaperonnés comme appeaux : c'est surtout pendant l'hiver et lorsqu'il a neigé ou gelé, que l'on fait cette chasse. On jette des fèves et des glands en quantité, et ces oiseaux ne manquent pas de s'y abattre.

Dans nos cantons méridionaux et surtout dans les Pyrénées, on les prend à leur passage, qui a lieu deux fois par an. Pour cela, on attache un très grand filet à des perches, les plus longues que l'on peut trouver ; on les enfonce en terre pour les soutenir ; le filet est disposé et retenu de façon qu'en lâchant une corde, il s'abat aussitôt.

A l'instant où passent les ramiers, le premier chasseur décoche par le moyen d'un arc une flèche empennée avec les plumes de la queue d'un oiseau de proie ; aussitôt les ramiers sont effrayés, et vont donner dans le filet que le second lâche à l'instant.

## LA TOURTERELLE.

Les tourterelles ne diffèrent en rien des pigeons pour le naturel et les mœurs ; elles ont le même instinct et les mêmes habitudes, mangent et boivent de même, se réunissent aussi en troupes plus ou moins nombreuses vers la fin de l'été, pour voyager et passer dans les climats plus chauds. Elles n'arrivent dans nos climats que vers la fin d'avril et fixent leur domicile dans la partie des bois la plus sombre et la plus fraîche.

On prend les tourterelles aux lacets de crin, de même que les grives, avec des gluaux sur les chênes, où on les attire avec un appeau. On leur fait encore la chasse au fusil par ce même moyen ; enfin on les prend avec des filets à larges mailles, dans le genre de ceux qui servent pour la chasse des vanneaux. A cet effet, on en chaperonne deux pour s'élever, et on lie les autres pour la montre. Ces différentes chasses se font au mois d'avril et d'août, dans le temps de leur passage.

## LA CAILLE.

Dès leur arrivée, on chasse les cailles avec un filet qu'on nomme *hallier* ou *tramail*, parce qu'en l'étendant on en forme une espèce de haie et qu'il est composé de trois nappes. Pour les attirer, on se sert d'un sifflet qui attire les cailles, ou mieux d'une femelle qui chante et qu'on appelle *chanterelle*.

En août et en septembre, quand il ne reste plus que quelques sillons à moisson-- ner, on tend les halliers en travers des sillons récoltés, près de ceux qui ne le sont pas ; ensuite on se rend aux deux extrémités, qu'on traque à pas lents, en jetant de la terre à droite et à gauche : par cette manœuvre, on conduit au piège tout le gibier qui se trouve dans le champ, et cela d'autant plus sûrement, que les cailles sont alors très grasses et peu disposées à voler.

On chasse aussi la caille au traîneau, comme les alouettes.

Mais la plus amusante chasse aux cailles, c'est *à la tirasse*, sans chien. Pour cela, il faut être deux ; l'un tient la tirasse (grand filet long) et l'autre l'appeau. Quand on est sur le terrain, on écoute ; et lorsqu'on entend chanter la caille, on va doucement à elle et on déploie la tirasse. Alors on appelle avec l'appeau, et la caille va droit au filet, derrière lequel se sont couchés les chasseurs pour n'être point aperçus ; quand l'oiseau est ainsi attiré, on va à sa rencontre avec la tirasse, qu'on jette sur le terrain où elle est présumée se trouver ; ce dont on s'assure en jetant le chapeau sur le filet pour la faire partir. Si elle n'est pas dessous, on traîne la tirasse plus loin, avec le même procédé, jusqu'à ce que l'oiseau soit pris.

Une personne seule, avec un chien, peut se servir d'une autre espèce de tirasse plus commode et aussi profitable pour la chasse aux cailles grasses, qui tiennent davantage à l'arrêt. Ce filet est triangulaire ; à l'extrémité d'un des angles est attaché un poids quelconque, à une autre extrémité est un bâton ferré. Lorsque le chien a formé son arrêt, le chasseur s'avance à côté de lui, à une distance à peu près égale à la moitié d'un des côtés du filet, il y plante le bâton, passe de l'autre côté du chien, et là, en tirant la corde de la tirasse, il en place l'extrémité sous ses pieds, et l'y lient bien ferme ; alors il jette, dans la direction convenable, la troisième extrémité du filet, au bout de laquelle est le poids, et ce qui se trouve dessous est pris. Il renouvelle ce manège à tous les autres endroits du terrain où son chien fait arrêt. Quant à la chasse au fusil, elle est trop connue pour que nous ayons à en parler.

## LA PERDRIX.

La chair de ces oiseaux, surtout lorsqu'ils sont jeunes, offrant une nourriture aussi succulente que délicate, et par sa qualité et son fumet, on a multiplié les manières de les chasser. Fusils, lacets, pièges, filets, appeaux, tout est employé par les chasseurs; et il est peu de gibier auquel ils fassent une guerre aussi vive et aussi continue, en distinguant les méthodes qui réussissent contre les perdrix grises d'avec celles qui conviennent contre les rouges.

Le temps de cette chasse est depuis la fin de juin jusqu'à la fin de septembre.

L'usage de la *hutte ambulante* est aussi connu et aussi ancien que celui de la *vache*. C'est la chasse favorite des braconniers, par rapport aux perdrix. Lorsqu'ils ont découvert que quelques pelouses ou friches sont le passage ordinaire des perdrix grises, à la sortie des vignes ou du bois où elles ne couchent jamais, ils y portent la hutte ; et quand le gibier passe, ils ne manquent pas de faire feu presque à coup sûr et d'en abattre beaucoup.

Le *traîneau* est d'un usage plus honnête. Le chasseur, à l'arrivée de la nuit, ayant aperçu le lieu où s'est couchée une compagnie de perdrix, fait une marque avec une branche piquée en terre, pour pouvoir la nuit le retrouver. Il s'en retourne ensuite chez lui, et quand la nuit est bien noire, il arrive avec deux perches de cinq à six mètres, son filet et un compagnon.

Ils étendent le filet sur la terre, dans un lieu où il n'y a ni herbes ni buissons ; en

couchant une perche, ils y attachent le traîneau tout au long; puis ils mettent des
ficelles dans le bas du filet, qui tiennent
chacune une petite branche pour faire lever
les perdrix, quand le filet tombe sur elles.
Cette attention doit avoir lieu surtout à
l'égard des rouges, plus paresseuses à partir
que les grises.

Dès que le filet est tendu, chaque chasseur prend sa perche par le milieu, la lève
inclinée, et la tire à lui. Dans cet état, ils
marchent droit aux perdrix; et quand les
perdrix se lèvent, ouvrant tous deux les
mains, ils laissent tomber le traîneau, et
courent prendre ce qui s'y trouve.

On peut aussi prendre les perdrix aux
*lacets*. Quand on a reconnu un de ces en-

droits où les perdrix se plaisent beaucoup,
et où elles reviennent souvent, on y tend
les lacets. Si c'est dans un bois, on fait un
cercle ou circuit, de vingt ou trente pas de
rayon. Entre les souches des taillis qui
forment cette enceinte, on pratique de
petites haies d'un demi-pied de haut, avec
des genêts et de petites branches piquées
en terre, ne laissant au milieu, de distance
en distance, que l'espace où une perdrix
peut passer. Aux deux côtés de ces petites
ouvertures, on plante un piquet gros comme
le doigt, auquel est attaché un collet de
crin de cheval, qui demeure ouvert et qui
est placé à la hauteur du cou de la perdrix.
En se promenant pour chercher la nourriture, elle veut passer ; la tête s'avance, et,

en tentant de poursuivre sa route, elle serre le lacet et se trouve prise.

S'il est question de tendre le piège dans une bruyère, on pratique une petite haie, comme dans le bois, et on y laisse des passées garnies de collets, qu'il faut visiter régulièrement à une heure après midi, et le soir au coucher du soleil, pour ne point laisser enlever le gibier.

FIN DE LA CHASSE AUX PETITS OISEAUX.

# DE L'INFLUENCE DU FROID

## SUR LES INSECTES.

---

Après un hiver très froid, deux paysans causaient : le premier disait que la gelée avait fait périr les insectes, surtout les mans ; mais le second répondait : « Les mans se moquent bien du froid ; à mesure qu'il augmente, ils s'enfoncent, et j'en ai trouvé (montrant la verge de son fouet) qui étaient avant de ça dans la terre. »

Il y a longtemps que mes propres observations m'ont conduit à penser comme ce paysan. Mais on n'en répète pas moins partout que le froid prépare à l'agriculture les années fertiles, en tuant les insectes, les vers, les limaces, etc. Que le froid, lorsqu'il vient en sa saison, que la neige surtout ait sur les terres une influence fertilisante, personne n'essaiera de le nier; mais cette heureuse influence des hivers rigoureux n'est nullement un résultat de la destruction des insectes, qui, loin d'avoir rien à redouter du froid, n'ont au contraire qu'à s'en réjouir, puisqu'il n'est mortel qu'à leurs ennemis, c'est-à-dire aux oiseaux. Ecoutez plutôt, en temps de neige, les marchands crier partout dans les villes : *Alouettes ! alouettes !* La neige, pour les oiseaux, est le plus meurtrier de tous les filets ; lorsqu'elle couvre longtemps le sol , non seulement ils se font prendre par mille et par mille, mais ils meurent par millions. Nul être vivant, en hiver, ne souffre autant qu'eux ; leur diminution certaine est donc, pour les insectes et pour les limaces, un gage de sécurité. Eux, cependant, qu'ont-ils à craindre de la neige et du froid ? Profondément cachés dans la terre, ceux qui passent l'hiver à l'état de larves s'enfonceront, s'il le faut, de deux mètres pour en fuir les atteintes ; d'autres à l'état d'œufs ou de chrysalides, tels que les chenilles et un grand nombre de mouches, sont enveloppés de triples et quadruples capitonnages de gomme, de soie, de laine, de bourres, de feuilles ; allez au retour du printemps visiter ces nids, vous verrez si tout cela ne s'éveillera pas plein de vie.

Les limaçons et limaces, qui sembleraient les plus exposés, savent parfaitement trouver dans les vieux murs, dans les caves, dans les troncs creux et dans les racines des arbres, des retraites impénétrables au froid, tandis que nous autres hommes, dans notre imprévoyance, nous bâtissons nos maisons et préparons nos vêtements comme si jamais l'hiver ne devait être rigoureux. Les limaçons et les insectes, au contraire, prennent leurs précautions chaque année comme si le froid devait être terrible. Jamais le papillon ne néglige d'entourer ses œufs d'un épais édredon de soie ; jamais le limaçon, vers la mi-novembre, ne néglige de gagner sa retraite ; et dès qu'il s'y est blotti, nous l'avons dit plus haut, il ajoute à ce soin celui de fermer solidement l'ouverture de sa coquille par deux, trois et quelquefois par quatre cloisons. Ces mollusques sont les sages des sages. Les coléoptères, pour la plupart, en hiver, sont à l'état de larves, et nous avons vu qu'à mesure que le froid augmente, ils s'enfoncent dans le sol ; mais quelques-uns d'entre eux peuvent

passer l'hiver à l'état d'insecte parfait :
les coccinelles — qui, du reste, sont plutôt
utiles que nuisibles, puisqu'elles font la
guerre aux pucerons — savent très bien
trouver contre le froid un abri d'où elles
puissent aisément sortir, car, en hiver,
même au mois de janvier, dès que le
soleil se montre, on les voit se promener.
Les lombrics ou vers de terre, qui d'ailleurs,
pas plus que la coccinelle, ne semblent être
des animaux nuisibles, ne manquent pas,
eux aussi, comme les mans, de s'enfoncer
dans le sol. Ce sont, pour leur conservation, les plus précautionneux des êtres.
L'oiseau, au contraire, l'oiseau qui, pour
abriter ses petits, construira au printemps
des chefs-d'œuvre d'architecture, l'oiseau,

pour lui-même, ne fait rien ; l'hiver le trouvera sur la branche ; y dort-il du moins pendant les interminables nuits d'hiver? Si le froid, si la bise ne suffisent à le tenir éveillé, la faim, l'horrible faim, le tourmente, et la terreur vient s'y joindre : les oiseaux de proie nocturnes, les renards, les loups même, lui font une chasse terrible, et le jour, c'est l'épervier, c'est la buse, c'est l'homme.... *Alouettes ! alouettes !*

Les oiseaux, vous le voyez, sont de tous les animaux ceux qui ont le plus à souffrir du froid. Les chasses incessantes qu'on leur fait ne permettent guère que leurs pertes puissent se réparer ; aussi les voyons-nous devenir toujours plus rares après chaque grand hiver. En revanche, les insectes pullulent, les hannetons seuls causent dans la campagne, chaque année, des désastres toujours plus grands. A mesure que l'oiseau disparaît, l'insecte de plus en plus devient un danger public. Ne comptez donc plus sur le froid pour vous en délivrer ; soyez bien persuadés, au contraire, que sous nos pieds, au-dessus de nos têtes, partout autour de nous, dans le sol, dans les branches de l'arbre et jusque dans nos habitations, ils tressaillent d'aise à voir la neige persistante, à laquelle ils devront d'entendre crier en tous lieux : *Alouettes ! alouettes !*

Quant à nous, qui savons si mal prévoir le froid et le chaud, l'abondance et la disette, tâchons du moins de comprendre que la diminution du nombre des oiseaux étend et fortifie le règne malfaisant des insectes.

FIN.

# TABLE.

—




Rouen. — Imp. MÉGARD et Cᵉ, rue Saint-Hilaire, 136.